向未来进发
人工智能科普故事

机器人也有朋友圈

BOO 聊通信◎著　　简　晰◎绘

U0258241

北京科学技术出版社
100 层童书馆

　　奇奇悄悄地把博士实验室的门扒开了一个缝，只露出一只眼睛，朝实验室内张望着。

　　博士从外面买东西刚刚回来，便看到了奇奇站在实验室门口，撅着屁股，扒着门缝，鬼鬼祟祟朝里探头探脑。

　　博士也没有出声，而是踮着脚，悄悄靠近实验室的大门，跟着奇奇一起顺着门缝往里张望。

　　奇奇只觉得头顶上洒下来一片阴影，一抬头，
就看到有个脑袋，跟自己一样正在往门里偷看。他
吓得"哇"地一声，迅速跳到了一旁；还不忘捂着
自己的嘴巴，尽量让自己的声音小一点。

　　呼——

　　看清是博士之后，奇奇长长地舒了一口气。

奇奇轻轻拍了拍自己的胸口，平复了一下心跳，他压着声音说：

> 博士，你在干嘛？你好吓人啊！

> 这话要我问你才对吧？明明是你在我家门口鬼鬼祟祟……

"嘘！"

还没等博士说完，奇奇连忙示意博士小点儿声音，又指了指门缝，示意博士往里看。"博士，出怪事儿了。你看，汤米好像在和谁说悄悄话！"

博士顺着门缝，看到汤米正待在窗边，机身屏幕上显示出一串串弹幕一样的文字。

你最近还好吗？博士给了我好多好多工作，做不完，根本做不完……

都一样呢，我最近也多了很多新的工作！

……

最近博士让我做的工作太复杂了！感觉"脑袋"不够用了！真羡慕你有新的芯片可以用！

可别羡慕我，换了新的芯片后，我的"体能"明显跟不上了！新的芯片太耗电了，我一天要充电 5 次！

啊？这么麻烦啊，我每天只用充一次电就可以了。

7

"哦，那是美国的比利。"博士一副早已见怪不怪的样子。

自从开始自己学习情感之后，汤米就热衷于结交世界各地的新朋友。

比利也是一个智能机器人，出生在美国的一个实验室里。它和汤米就是通过网络聊天认识的。

美国！隔着这么远的距离，它们怎么聊天啊？我和朋友们也会在网上聊天！它和我们用的是一样的网络吗？

　　汤米的进步速度真是称得上突飞猛进，才几天不见，奇奇已经有点跟不上这些新进展了。

　　博士笑眯眯地从口袋里掏出一个外形奇特的眼镜："来，奇奇，戴上它。"

奇奇戴上了博士递过来的眼镜，整个世界瞬间变得五光十色！到处都泛着像海水一样荡漾的"波浪"！奇奇赶忙捂住自己的鼻子和嘴巴。

我不会游泳！

奇奇努力憋着气，从牙缝里艰难挤出了一句话。

哈哈，不要害怕，
大胆地张开嘴去呼吸！

听到博士的声音一切正常，奇奇试探性地伸出双手，想去触碰四周的"海浪"，可是什么也没有摸到！

原来是假的！

奇奇摘下了眼镜，果然又什么都看不到了。

看来，只有未来博士的神奇眼镜，才能让这种"波浪"现出身形。

呼！呼！ 呼！

憨气可太难受了，看到一切如常，奇奇连忙大口呼吸了好几口空气。

博士，这是怎么回事呀？我刚刚就像掉到大海里，眼前有海浪翻滚，可是又什么都摸不到。

"这是因为那些'海浪'是眼看不到、手摸不到的无线电波呀！"博士对奇奇解释到。

正是这些**无线电波**让手机、平板电脑、智能手表等设备能够连接网络，让汤米和比利的通信成为可能！

"事实上，我们每个人每时每刻都'泡在'各式各样的无线电波里！只有戴上本博士特制的眼镜，才能看到它们！"

"无线电波？"

奇奇从未听说过这个概念。

看到奇奇一脸好奇的样子，博士接着解释道："在这个宇宙中，到处飘散着这些神秘的**电磁波**。而无线电波只是电磁波的一小段。之所以称之为'波'，是因为它们会像波浪一样前进。信息就是乘着这些无线电波在空气中'飞行'到目的地的。"

　　博士解释了，但好像又没解释。总之，电磁波听起来是一种无处不在的存在。

可是博士，为什么非要戴上这个眼镜才能看得到无线电波呢？

　　既然电磁波在宇宙中无处不在，我们也时刻都"泡"在无线电波里，可是**为什么之前都没见过呢**，奇奇还是不理解。

"这和电磁波的**频率**有关，也和我们眼睛的感受器有关。"博士想了想，进一步为奇奇解释"频率"这个概念。

"如果在水池中投下一枚石子，水波就会一圈一圈荡漾开来，电磁波也是这样振荡传播的。"

"想象一下，如果这时候水面上有一片树叶，我们就会看到树叶随着水波上下振荡。它从水波的最高点落到最低点再回到最高点的完整过程，叫作一个周期。我们可以测出树叶完成这一个**周期**需要的时间。"

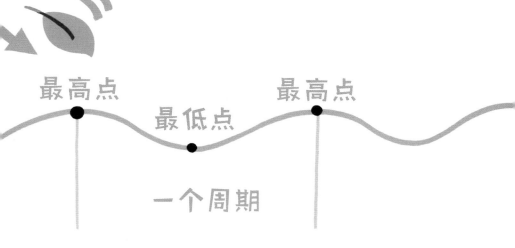

最高点　　　　最高点

最低点

一个周期

"1 秒钟内可以完成的周期数也叫**频率**，频率的单位是赫兹（Hz）。也就是说，如果水波荡漾的周期是 2 秒，那 1 秒内就完成了半个周期。那我们也可以说，这个水波的传播频率是 0.5 赫兹。"

"所以，我们可以看到水波，却**看不到电磁波**，是不是因为电磁波的频率太低，波动得太慢了？就像蜗牛，爬得太慢了，我们就会以为它没有在动！"

　　根据博士的解释，奇奇给出了一个自以为很符合逻辑的推理。

"很有趣的推理，但很遗憾，并不是这样的。"博士说道，"除了频率，这还和我们的眼睛有关。我们眼睛中的感受器只能捕捉到特定频率范围内的电磁波，超出了这个范围，我们就用肉眼就看不到了。"

　　"那我们能看到的电磁波是什么样的呀？"奇奇忙问，他还以为所有的电磁波都只能通过博士给的眼镜看到。

19

"真是个好问题！跟我来。"

博士带着奇奇走进了超级通信实验室，拿出了一个三角形的"棱镜"。对着"棱镜"，博士打开了一束白光，而棱镜后方竟然透出了一束彩虹！

我们平常看到的光和无线电波一样，都是电磁波的一种。白光是一种复合光，经过三棱镜后发生色散现象，形成了彩虹。这样五颜六色的"波"，就是频率不同的波，我们眼睛中的感受器将它们捕获并识别为了不同的颜色。

这其中，红色光的频率约为 400 太赫兹，紫色光的频率约为 750 太赫兹，我们用肉眼可以直接看到的电磁波，频率就大致在这个范围内。但是无线电波的频率则要低得多。

"我明白了！所以，刚才我戴的眼镜，就是能让眼睛捕获更多的波！"

奇奇似乎有些理解了，无线电波就是一种看不见的光。

未来博士小课堂

可见光的频率大概在 400 太赫兹到 750 太赫兹，高于和低于这个范围的电磁波，我们的眼睛没办法感知到。而无线电波的频率通常在 3 赫兹到 300 吉赫兹的范围内，所以是看不到的。太赫兹和吉赫兹都是频率的单位，但代表着很大的数值，是为了书写方便而采取的表达方式。

太阳

400 THz~750 THz

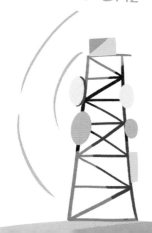

3 Hz~300 GHz

22

千赫兹 1 kHz=1 000 Hz
兆赫兹 1 MHz=1 000 000 Hz
吉赫兹 1 GHz=1 000 000 000 Hz
太赫兹 1 THz=1 000 000 000 000 Hz

　　"对了，你想看看信息究竟是如何乘着电磁波从汤米这里飞越大洋到比利那里的吗？"博士问。

　　"当然！"听说要出发去寻找比利，奇奇兴奋地振臂高呼，一副整装待发的模样。

跟着博士，奇奇又一次缩小，进入曾经探访过的芯片工厂。左转，右拐……来到了奇奇之前没有去过的区域。

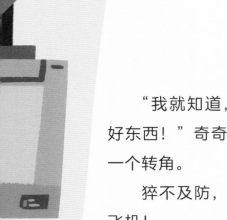

　　"我就知道，博士这里一定还有更多的好东西！"奇奇心想着，又跟着博士拐入了一个转角。

　　猝不及防，映入眼帘的竟然是一架小型飞机！

博士！
你就是哆啦Ａ梦吧！

  奇奇尖叫着，冲着飞机飞奔了过去，兴奋地摸摸机头，又摸摸机身，绕着飞机来回转圈。这飞机简直和电影里的一模一样。

  "这是我的'比特号'！坐上这个，我们就可以跟信息一起，乘着电磁波飞越太平洋啦！"博士递给奇奇一个头盔，坐进了驾驶舱。

  "比特号！为什么叫这个名字呀？"

"记得我们教汤米的知识吗？所有的信息在汤米那里都是由 0 和 1 两个数字组成的代码，一个数字也被称作一个**比特**，例如 010，就是三个比特。我们驾驶的飞机可以在信息世界中变成比特，所以我给它取了这样一个很酷的名字！"博士做完最后的安全检查，点火启动了这架飞机。

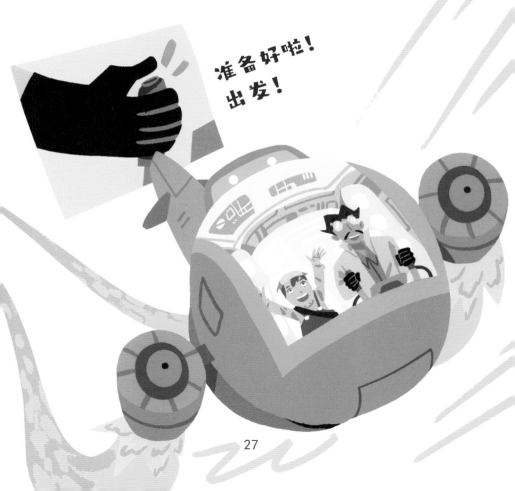

准备好啦！出发！

27

飞机顺利起飞，钻入了汤米"大脑"中的信息处理中心。

　　这里漂浮着各种各样的信息，数字、字母、汉字、图片……而比特号也变成了众多信息中的一个句号，即将经历各种信息处理的环节。

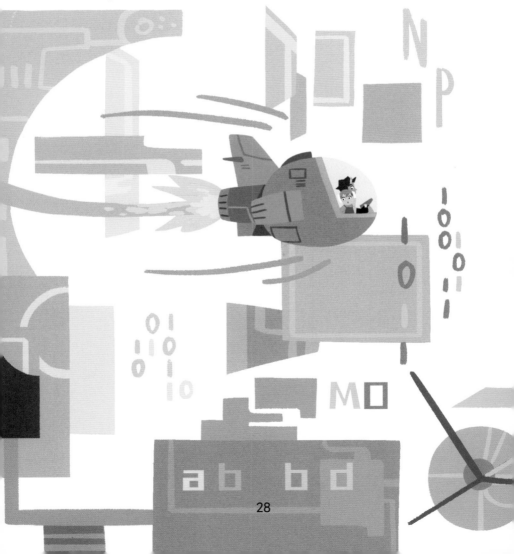

远远的，奇奇看到有长长一排装置，像是安检一样，所有的信息好像都要去那边排队。奇奇指着远处排起的"长龙"问道：

博士，你看它们好像都往那边走。那边有什么？

那是**编码器**，就是把所有信息转换成 0 和 1 的地方。我们也去排队吧。

博士说着，驾驶飞机排到了队伍中。这时，驾驶舱的显示屏上出现了一张 94×94 的表格。

1	1	2	3	▪▪▪	10	11	▪▪▪	15	16	17	▪▪▪	89	90	91	92	93	94
2				▪▪▪							▪▪▪						
3				▪▪▪							▪▪▪						
4				▪▪▪							▪▪▪	y	z				
▪▪▪	▪▪▪	▪▪▪	▪▪▪	▪▪▪	▪▪▪	▪▪▪	▪▪▪	▪▪▪	▪▪▪	▪▪▪	▪▪▪	▪▪▪	▪▪▪	▪▪▪	▪▪▪	▪▪▪	▪▪▪
8				▪▪▪							▪▪▪						
9				▪▪▪							▪▪▪						
▪▪▪				▪▪▪							▪▪▪						
16				▪▪▪							▪▪▪				包		
17				▪▪▪						北	▪▪▪						
▪▪▪	▪▪▪	▪▪▪	▪▪▪	▪▪▪	▪▪▪	▪▪▪	▪▪▪	▪▪▪	▪▪▪	▪▪▪	▪▪▪	▪▪▪	▪▪▪	▪▪▪	▪▪▪	▪▪▪	▪▪▪
54				▪▪▪	知	肢		织	职		▪▪▪						
55	住									枚	▪▪▪						
56				▪▪▪							▪▪▪	伫					伺
57				▪▪▪							▪▪▪						
▪▪▪	▪▪▪	▪▪▪	▪▪▪	▪▪▪	▪▪▪	▪▪▪	▪▪▪	▪▪▪	▪▪▪	▪▪▪	▪▪▪	▪▪▪	▪▪▪	▪▪▪	▪▪▪	▪▪▪	▪▪▪
86				▪▪▪							▪▪▪						
87				▪▪▪							▪▪▪						

空区

94	空区

"你看这个'**知**'字，在第 54 行的第 10 列，所以它的编码就是 5410，"博士指向表格中的一个汉字，"再根据相关规则进行一系列转换，它就会变成 **11010110　10101010** 两个字节。当你看到这样以 1 开头的两个字节时，这应该就是一个汉字的编码了。"

　　"那图片呢？视频呢？"

　　奇奇对编码可太好奇了。

　　"你知道吗，图片都是由一个一个整齐排列的像素小点儿组成的。"博士转过头问到。

　　奇奇点了点头。在屏幕上将图片不断放大，就能看到各种颜色的小方块。博士之前说过，那些小方块就是构成图片的基本元素——**像素**。

"每一种**颜色**，都有属于自己的**三个字节**的编码。我们只要按照顺序，把这些像素的颜色转化成对应的编码就好了。"博士又说，"视频嘛，也就是很多图片按顺序播放形成的，转化的道理都是一样的。"

按顺序播放

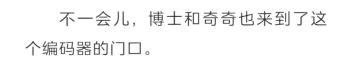

　　不一会儿，博士和奇奇也来到了这个编码器的门口。

　　飞机穿越一阵白光，之前各式各样的信息全都不见了，取而代之的是一条一条由 0 和 1 构成的"比特流"，像小溪一样向前流动。

啊！博士你看！
前面有比特在插队！

011 10100110011 10011

　　飞机跟着比特流有秩序地前行着，奇奇却发现，前面总有一些比特会突然从一旁见缝插针，进入队列。

　　"哈哈哈哈哈！它们可不是什么破坏交通规则的捣蛋鬼，它们进入队伍的顺序和位置都是计算好的，是在进行**加扰工作**。"

博士大笑着解释道："**加扰**是指在原始的信息流中插入一些额外的比特。这些新加入的信息不仅不会打乱原来的信息，甚至还可以有效减少信息传递过程中会受到的潜在影响，同时让信息在传输过程中不会轻易被别人破解。"

"我知道了！它们不是捣蛋鬼，而是负责保卫的比特警官！"奇奇说。

"没错！"

比特流有条不紊地向前流动，到了一个地方突然都不见了！仿佛有什么东西在前面吃掉了这些比特流。

　　"博士！比特流不见了！"奇奇指着前方比特流断掉的地方，惊讶地大呼。

　　"戴上我之前给你的眼镜，我们要准备进入调制区了！"博士说着，自己也戴上了眼镜。

　　奇奇将信将疑地戴上眼镜，再度看到了不可思议的场景。

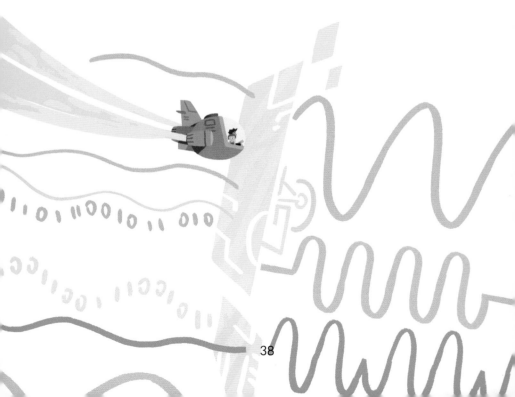

原来，比特流并没有断掉，在消失的地方，出现了奇奇最初看到的五光十色的波纹。

比特流变成了漂亮的无线电波！

"调制器会调节无线电的幅度、频率和相位，将比特流转化成波，就像这样。"

博士又向奇奇展示了一张新的图片，用 0 和 1 分别对应不同形状的波纹，这样就能将比特转化为波了。

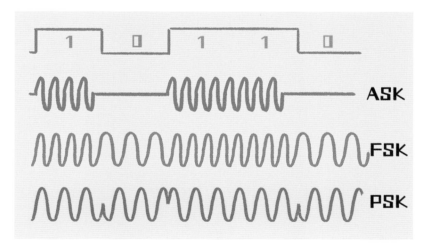

从上到下，分别是数字信号自身，以及采用幅移键控（ASK）、频移键控（FSK）和相移键控（PSK）三种调制方式转化出的波形。

经历过一系列调整，融于波中的比特号也载着博士和奇奇一起，飞出了汤米的体内，一路越过高山、城市、田野……看到了一个像是高塔一样的地方。

"我们到美国了吗？"
奇奇扒着飞机的舷窗往地面张望着。

"还没有哦，我们只是到了**基站**。"

博士将飞机停靠在基站上，等待基站对信息进行检查处理。

"既然无线电波都能以光速前进了，我们为什么不直接去比利那里呢？"奇奇不太懂，为什么很快就能完成的事情，还需要中转到基站休息一下。

41

"你在踢足球的时候，如果离球门还很远，是选择直接射门，还是选择先传给近处没有人阻挡的队友呢？"博士并没有直接回答奇奇提出的问题，反而抛给了奇奇一个问题。

嗯……我想我会先传给附近的队友。因为直接射门的话，我可能会射不准，而且中途可能还会遇到很多人的阻挡。

虽然不明白博士为什么突然这么问，奇奇还是认真思考并给出了自己的答案。

基站

　　"没错。不仅传球如此，无线电波在传播过程中也会遇到很多阻碍和干扰，信号会变得杂乱且越来越弱。"

　　"所以需要一个基站作为中转站，来**排除干扰、恢复信号！**"听博士这样讲，奇奇一下子就明白了基站的作用。

进入基站后，比特号被传送到了地下管道，经由有线网络转送至另一个基站，再次以无线电波形式被发送出去。比特号跟着信息进入了一幢大楼，最后朝着一个方头方脑的机器人俯冲过去。

　　"博士，那就是比利吧？不知道汤米给比利发送了什么信息呢。"

奇奇和博士终于见到了比利，在比利的信息处理系统里，比特流重新恢复成了信息。而比特号，也变回一个句号融入进来。

比利，我先不跟你聊了，博士他们好像发现我在偷懒了。要是所有清洁工具都连上 **5G** 网就好了，我只要发个指令，一切问题就都解决了。。

唉，这里怎么多了个句号？

顺着无线电波，博士和奇奇又乘坐比特号回到了实验室。汤米已经不偷懒了，而是正在认认真真地打扫实验室。

"没想到信息的传输过程这么复杂。对了，博士，汤米提到的 **5G** 是什么？手机上也经常会显示出'5G'的字样，是什么意思呢？"想到汤米发给比利的消息，奇奇的小脑袋里又冒出了新的问题。

G 是 Generation 的意思，代表信息通信技术发展到了第几代。4G 到 5G，就表明通信技术从第四代发展到了第五代。

"这是很了不起的进展吗？"奇奇似乎从来都没有听说过 1G、2G 的说法。

"当然了，1G 的时候人们只能打电话，2G 的时候就可以发短信了，3G 时可以用手机上网，4G 时网络音视频的传输已经非常方便了，而 5G 能够支持文件更清晰、更快速地传送。"

博士说着，打开了屋里的全息投影。博士和奇奇瞬间置身于一个会议大厅，来自各个国家的人似乎正在争论着什么。

第三代合作伙伴计划组织（3GPP）：负责制定全球移动通信标准

"博士，我听他们都在说**毫米波**、**带宽**什么的，这些是什么呀？"

　　虽然专家们说的东西奇奇大多都听不太懂，但是他听很多人都提到了这个名词，下意识觉得这一定是很重要的东西。

"我们之前讲到周期和频率，但还有一个物理量和波动密切相关，那就是**波长**。波长是指无线电波在一个波动周期内前进的距离。"

博士先解释了波长的概念。

"波长的计算也很简单，无线电波以光速前进，而波长就是光速与频率的比值，频率越高，则波长越短。毫米波就是波长非常短、为毫米量级的无线电波。

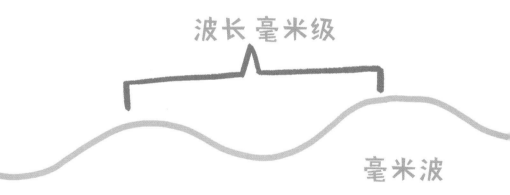

"我明白了，毫米波也就是频率很高的无线电波。可是毫米波对信息的传输有什么帮助吗？"虽然了解了毫米波的概念，奇奇还是有些不太明白它有什么特别的地方。

　　"5G 采用的毫米波频率远大于 4G 用的频率，频率越高，无线电波能使用的带宽越大，信息传输的速度就越快，这也是 5G 通信比 4G 更快的核心原因。"博士解释到。

　　出现的新名词却让奇奇更加疑惑了："带宽是什么？"

　　"带宽是指无线电波传输信息的频率范围大小。"博士想了想，又接着说，"假如信息是一辆辆小车，4G 的带宽是一条容易拥堵的单车道，那么 5G 的带宽就好比是宽敞得多的多车道高速公路，可以在相同的时间内传输更多的信息。"

　　"那我们为什么不直接用更高频率的无线电呢？"

"虽然高频率的无线电波能携带更多的信息，**但无线电波的频率越高，波长越短，其绕过障碍物向前传播的能力越低，**在传播过程中很容易受到阻碍，损耗更大。

所以，与 4G 通信相比，5G 通信还要补充修建更多的基站，更频繁地对信息进行检查和修补。此外，为了弥补 5G 信号的损失，我们还要尽力增强 5G 的信号强度！"

看着奇奇一脸茫然的样子，博士拿出了一个灯泡和一个手电筒说道："我们假设它们发光的能力是相同的，现在我要照亮墙上的那幅画，你看哪个更亮一些？"

　　博士关闭了房间的灯，点亮了手中的灯泡。灯泡的光可以照到四面八方，但是光线到达墙壁时已经很弱了，只能模糊看见画的轮廓。

接着，博士关上了灯泡，又打开了手电筒。手电筒虽然不能让周围都变亮，但发出的光线全都集中在一个方向，照亮了整张画布。

"手电筒的光更亮！因为它的能量能集中在一个方向！"奇奇回答。

　　"那怎样才能集中能量，增强 5G 的信号强度呢？"奇奇脑海中浮现出使用光波攻击的动感超人。

　　"当然是用**大规模天线矩阵**啦！"博士终结了奇奇的幻想，在墙壁上投射了一张图片，"你可以理解成是很多天线排列在一起组成的方阵。天线越多，无线电波的能量就越集中。4G 中通常采用 8 天线矩阵，而 5G 能够采用 64 天线的矩阵。"

2×2 天线

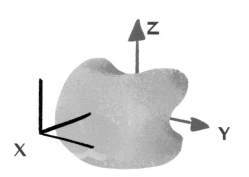

8×8 天线

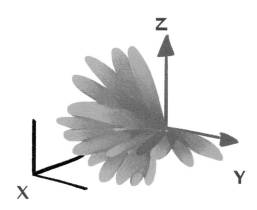

博士，虽然 5G 让上网的速度更快了，但是以前聊天、上课、看动画片也没问题呀，也没什么其他的不同啊。

　　结合图片，奇奇好像有些明白了 5G 技术的不同。可是他依旧想不明白，为什么科学家要费这么大的劲儿来发展这些新的技术。

当然不同了！5G 通信技术要实现的可是**万物互联**！既然说到这里，就很有必要让你开开眼界啦！

博士突然兴奋起来，声音都提高了一个八度。

说着，博士拉着奇奇向电梯走去，输入密码后，电梯一路向下，前往奇奇之前从未去过的地下楼层。

"欢迎来到 5G 未来城!"
电梯门一打开,一个温柔的机
械声音响起。奇奇感觉自己仿
佛穿越到了一个新的世界,马路、
房屋、工厂错落有致,机器人、汽车
在其中来往穿行。

"哇唔!这地下居然也有博士
你的秘密基地。"奇奇被眼前的场景震惊得
都呆住了。

欢迎来到
5G 未来城！

"这是我还在建造的'5G 未来城'实验基地。我在这座城市的每个角落都安装了 5G 基站和天线，实现了 5G 信号的全覆盖。"博士颇为得意地介绍到。

"博士、奇奇！
你们也来啦！"

一个熟悉的身影打着招呼向他们走近。

"汤米！你怎么在这里？"奇奇没有想到汤米也在。

"所有的东西在这里都可以联网，我和小伙伴们休息的时候都在这边，博士的智慧工厂也在这边。"汤米说着，屏幕上还同时迅速飘过了很多类似"通行""刹车""避让"的指令。

"嗯？汤米你这是在干嘛呀？"奇奇指着屏幕上的文字，好奇地问。

哦，你说这个呀！博士的工厂在制造一批新的**无人驾驶汽车**，我正在测试这批车辆的安全性。

"哇！汤米你好厉害！"奇奇由衷地感叹。他仔细看看路上高速飞驰的车辆，发现它们果然都是无人驾驶的状态。

"**5G 的特点是低时延**，这让无人驾驶汽车成为了可能。"博士补充道，"遇到突发情况时，数据中心可以在百分之一秒内根据路况做出正确反应，指挥汽车几乎没有延迟地进行刹车或转弯，这样就能有效避免交通事故的发生了。"

"可是数据中心要怎么知道出现了突发危险呢？通过那个摄像头吗？"奇奇指了指红绿灯一旁的摄像头。

"不止那个，这里的一切物品，包括机器人、摄像头，甚至路边的井盖和垃圾桶，都可以连接互联网，数据中心可以随时监测这些物品是否处于正常状态。"博士说着，就看见一小队机器人整整齐齐地拿着箱子从一旁路过。

跟我来

博士，系统显示街那头的红绿灯有根导线接触不良，无法正常显示信号颜色了，我去处理一下。

汤米向博士和奇奇道别后，跟着机器人小队一起离开了。

　　看着汤米它们离开，奇奇想起上次爸爸开车送自己上学时，遇到路上临时检修，耽误了好长时间，还害得自己迟到，忍不住嘟囔到。

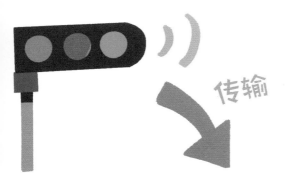

"并不麻烦哦。"
博士却说。

"信号灯在出现问题
的第一时间，就向数据
中心汇报了问题；

数据中心几乎同时报告给了
维修小队和其他车辆；

维修小队会立刻出发检修，其他车辆也会随之更新最优线路。这样既不会堵车，也不会耽误其他工作了。"

"这就是万物互联吗？"

原来 5G 并不只是为了人类使用网络而设计，更多的是为了让这些**物品相互联系**。奇奇发现 5G 的世界真的很不一样。

这时，一辆无人驾驶汽车停到了博士和奇奇面前。"我们去游乐园看看吧。"博士发出了邀请。

奇奇没有想到，这里也有游乐园，立马欢呼着上了车。

无人驾驶汽车平稳行驶着，虽然路上来往的车辆很多，但是一路上没有堵车，也没有听见喇叭嘀嘀嘀的催促声，甚至遇到的几个红绿灯都刚好是绿灯。奇奇心里忍不住对 5G 城市的游乐园多了一份期待。

"啊……博士，你确定你没有在开玩笑？"

一下车，奇奇就瞬间傻了眼。

这个街区和他们之前上车的地方并没有太大的不同，看起来一点儿游乐场的样子都没有。要说区别的话，就是街边多了几辆造型不同的小车。

"赛车、越野车……皮划艇……潜水艇……"
奇奇顺着头几辆小车往下数着，突然发现了离谱的
东西，街边怎么会有船啊？

哦！甚至还有一节没有轨道的过山车，这是从
哪个游乐园淘汰下来的废品吧……

不会是建造这个城市太费钱了，博士已经没钱
了吧。

奇奇目瞪口呆，转头望向博士。

欸欸欸！你这是什么表情啊？

博士欣赏着自己一手建造的城市，沉浸在得意的情绪中，转头就看见奇奇一脸复杂的神情——有点失望，有点嫌弃，还夹杂着一些怜悯……

"这可是 **VR 游乐园**！当然和你之前去过的游乐园不一样了！"博士一看就知道，奇奇一定是误会了什么，他连忙解释。

"VR 是虚拟现实技术的英文缩写，别小看我的这些设备，只要你戴上 VR 眼镜，就能拥有身临其境般的体验！"

看着奇奇还是一副将信将疑的表情，博士直接把奇奇塞进了一辆小车里，并给他戴上了一副 VR 眼镜。

奇迹出现了。原来，博士在这些小车上安装了各种机械装置，不仅可以模拟行驶中的晃动，还有喷出气流等功能。配合上 VR 眼镜中 360°环绕的宏大场景，奇奇好像真的时而躲避着霸王龙的追逐，时而变成潜艇躲避鲨鱼追击……奇奇甚至感受到霸王龙炙热的呼吸喷到了自己的脸上，看到它张开的大嘴里甚至还有一颗坏掉的蛀牙。

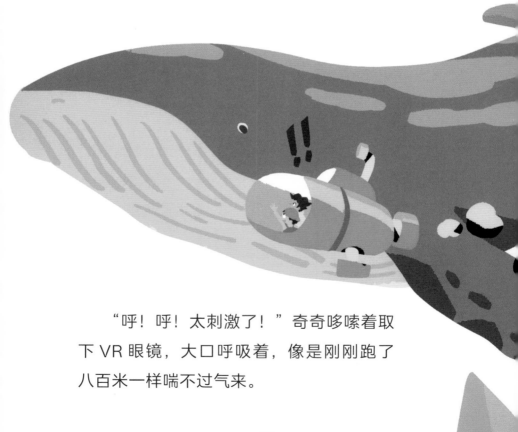

　　"呼！呼！太刺激了！"奇奇哆嗦着取下 VR 眼镜，大口呼吸着，像是刚刚跑了八百米一样喘不过气来。

"好玩吧！ VR 技术对画面传输速度可有着极高的要求，只有通过 5G 网络在 VR 眼镜中高速传输超高清的画面，并实时配合音效和动作，才能有这样真实的体验！"

博士对自己的杰作满意极了！

这真是太好玩了，虽然有点害怕，但奇奇刚休息了一下，就又迫不及待地拜托博士带自己去玩下一个项目。直到汤米来接他们回家，奇奇还是一副意犹未尽的样子。

奇奇邀请汤米明天一起来玩，但汤米看起来却很为难。

听到汤米的话，比起不能来游乐场玩的失落感，奇奇对汤米的这次远行感到更加担忧。

沙漠！博士你怎么放心小汤米去那么远的地方呀？那里会有信号吗？会有基站吗？汤米要是迷路回不来了怎么办呀？

奇奇有些着急地问到。

别担心！除了咱们日常使用的 4G、5G 通信，其实还存在很多很多种通信方式！例如咱们的北斗卫星，就可以提供全球范围内的定位、通信服务。

博士告诉奇奇，即使没有基站和 5G 信号，汤米也能通过卫星通信的方式联系到大家。

　　"汤米，你一定要注意安全哟！"听完博士和汤米的话，奇奇感觉放心多了。"要是有 6G 就好了，那一定比 5G 更先进，说不定汤米就不用自己去那么远的地方了。"

　　"是呀！以后我希望能在充电站里一边喝着'电流'，吹着空调，一边用通信技术传递全息影像，在世界各地工作！"汤米也随着奇奇的话，幻想着6G 时代的工作场景。

"等 6G 到来的那一天，汤米的美梦就会成真哟！"听完汤米的话，博士和奇奇都哈哈大笑起来。

哈哈哈

博士，我看汤米就是想要偷懒不干活了。

哈哈

哈哈哈

那就扣掉汤米的零花钱吧！

完蛋了，比利！博士他们真的发现我在偷懒。呜呜，博士还说要扣掉我的零花钱。救命啊！

听着博士和奇奇的对话，汤米默默地给比利发送了一封"求救信"。

您有新消息

亲爱的小朋友们，让我们一起探索 5G 的神奇世界，开启信息时代的新篇章吧！

——BOO 聊通信

小朋友们，你们已经站在未来的大门前，这本书就是你们探索未知的钥匙。打开未来之门，用你们的想象力和创造力，为这个世界增添无限可能吧！

——简 晰

图书在版编目（CIP）数据

机器人也有朋友圈 / BOO聊通信著 ；简晰绘.
北京 ： 北京科学技术出版社，2025. -- ISBN 978-7
-5714-4267-5

Ⅰ．TN91-49

中国国家版本馆 CIP 数据核字第 2024ND7314 号

策划编辑：刘婧文　张文军
责任编辑：刘婧文
图文制作：天露霖文化
责任印制：李　茗
出 版 人：曾庆宇
出版发行：北京科学技术出版社
社　　址：北京西直门南大街 16 号
邮政编码：100035
电　　话：0086-10-66135495（总编室）
　　　　　0086-10-66113227（发行部）
网　　址：www.bkydw.cn
印　　刷：雅迪云印（天津）科技有限公司
开　　本：889 mm × 1194 mm　1/32
字　　数：32 千字
印　　张：2.5
版　　次：2025 年 2 月第 1 版
印　　次：2025 年 2 月第 1 次印刷
ISBN 978-7-5714-4267-5

定　　价：36.00 元